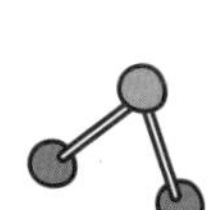

能量

[韩] 金成花　[韩] 权秀珍 / 著　[韩] 李哲旻 / 绘　小栗子 / 译

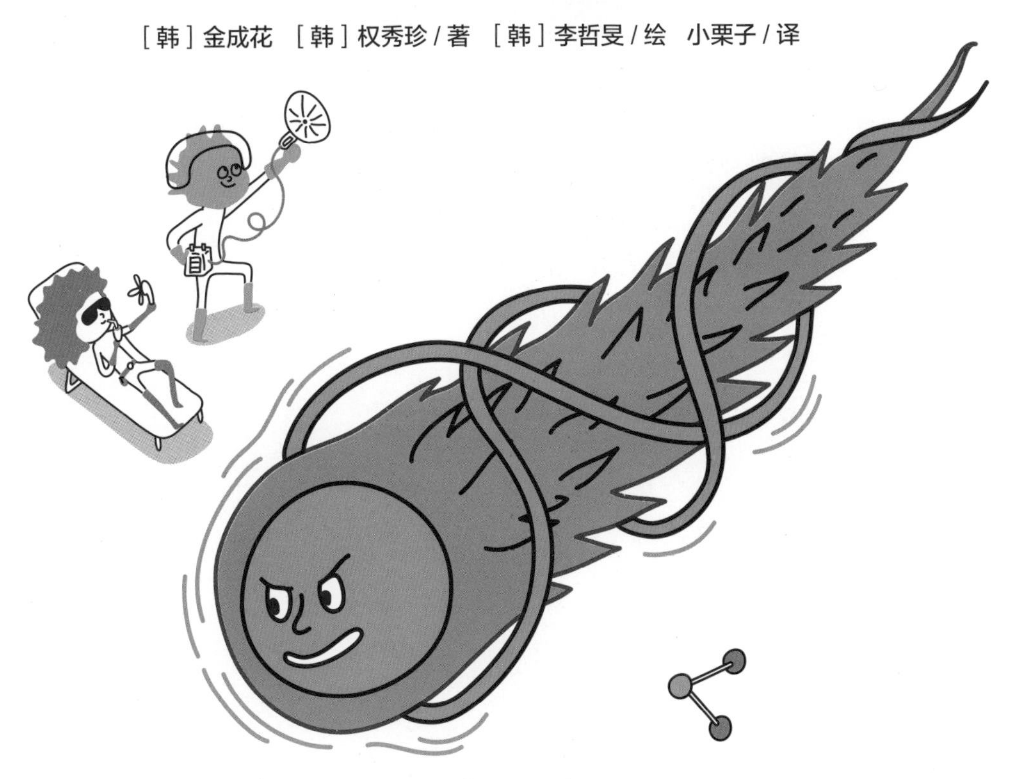

電子工業出版社
Publishing House of Electronics Industry
北京·BEIJING

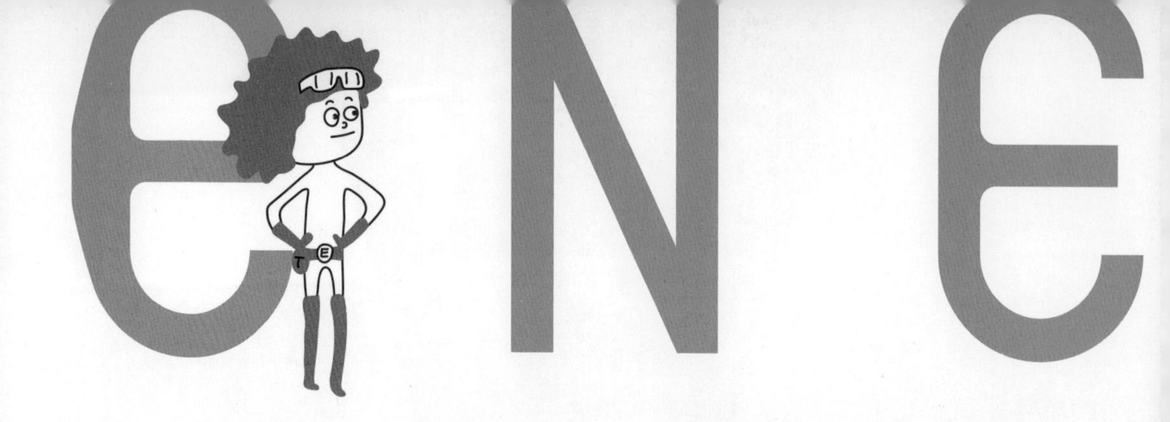

2070 年的某一天，一位科学奇才成功发明了一台非常伟大的机器。

“什么样的机器？”

电子通道！

“电子通道是什么东西？”

电子通道就是可以免费获得能量的机器！

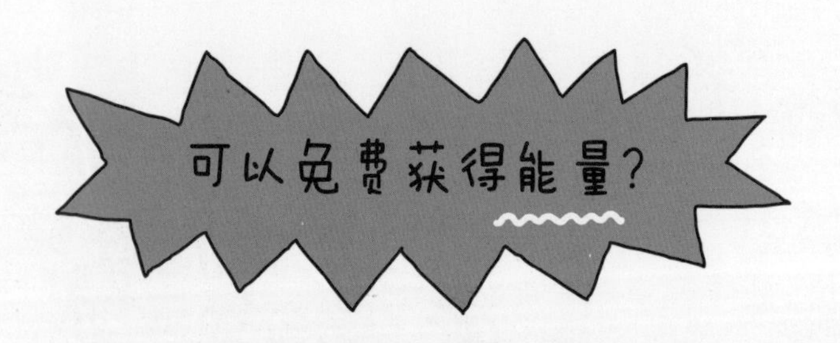

没错，而且能量是源源不断的！

这位科学家后来成为人们交口称赞的大英雄，因为他的发明不仅让人们免费获得了能量，还把人类从能源危机中拯救了出来。那些以污染空气为代价获得能量的煤炭公司、燃气公司、石油公司、核能发电站都将永远地关上大门。

哇哦，人类文明实现了伟大的跨越！

不过，由于能量是免费的，人们在使用能量时变得越来越铺张浪费了。

当世界上每一个人都在免费享受着能量的时候，唯独有一位科学家，他的内心并不平静。

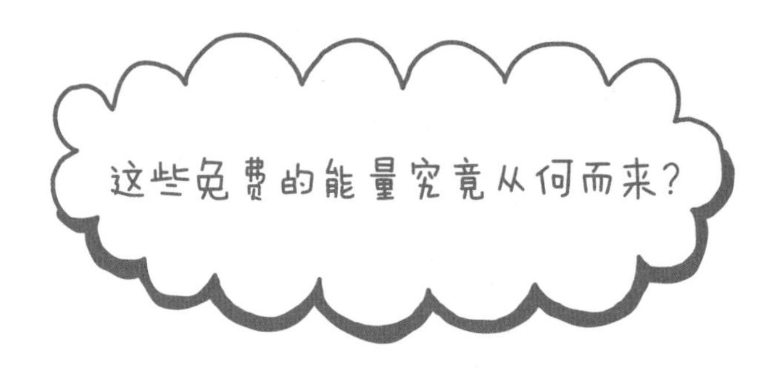

后来，他解开了谜团。原来这些能量并不是免费的！

“不是免费的？那是怎么来的？”

它们都是从其他宇宙空间流入地球的能量，并且正在消耗着我们的宇宙。这些能量缩短了太阳的寿命，地球也濒临毁灭！

“怎么会这样！那我们该怎么办？”

目录

01

可以免费获得能量的机器

嗡
Air
嗨
不可以！！！
立刻关掉！已经花掉太多电费了！
不用担心，这些电都是免费的！我们拥有电子通道呀！

艾萨克·阿西莫夫博士是20世纪著名的科幻小说家，同时也是一位化学家。在他创作的科幻小说中出现了一种未来机器，它就是“电子通道”。

电子通道，顾名思义，是一种可以从通道喷射出电子的机器。小说描述了一种非常神奇的原子——钚-186，它可以源源不断地向外放射电子。有了它，人们不再需要交电费，也不再需要发电站和电力公司了。人们获得了免费的能量！

当然，目前我们还没有发明出这样的机器！

不！也许我们永远都不会拥有这样的机器！

“为什么？也许科学再进步一些，这一切就会成为现实了呀！”

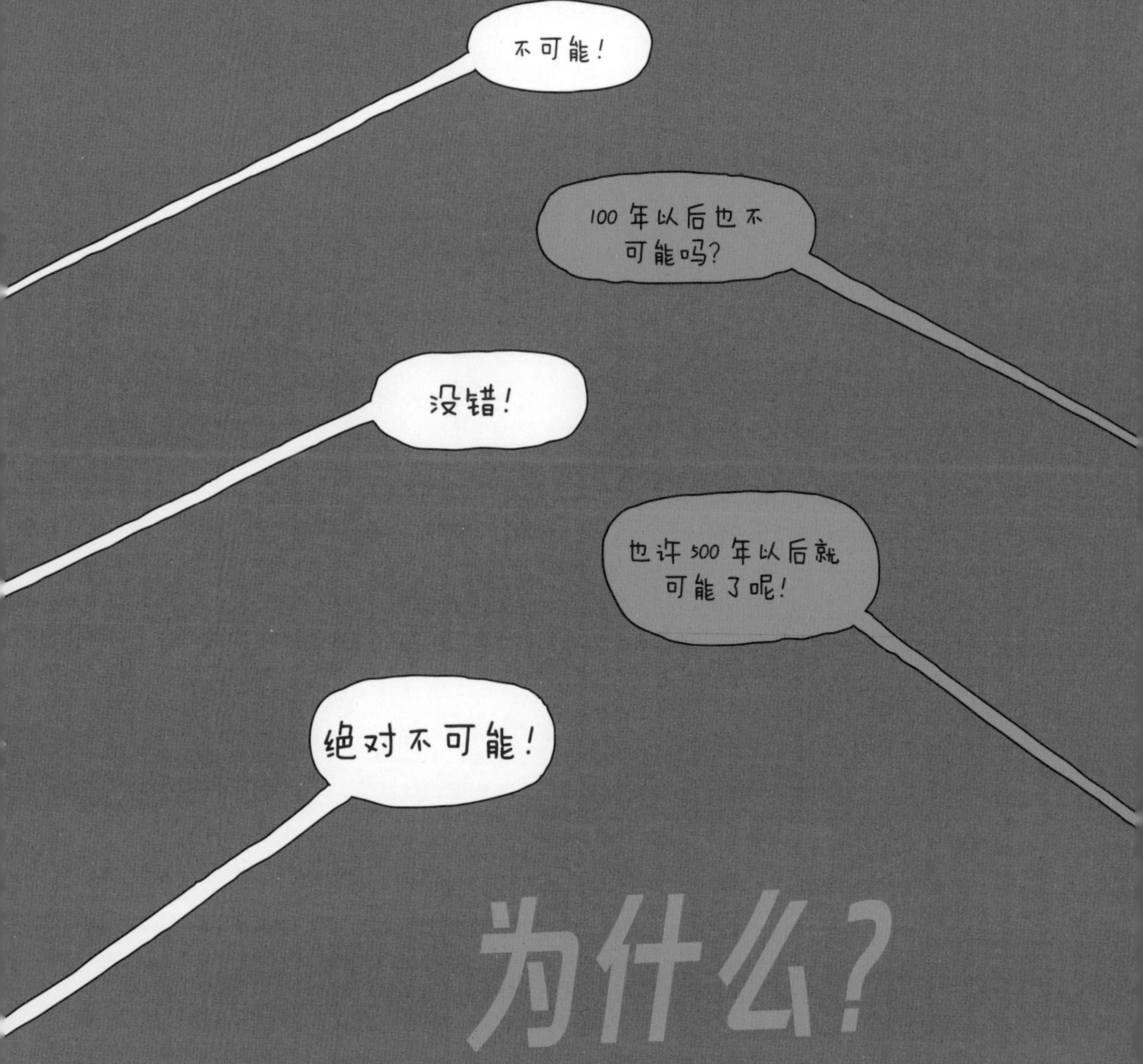

不可能！
100年以后也不可能吗？
没错！
也许500年以后就可能了呢！
绝对不可能！

为什么？

可以了！
可以了！
滋
滋
滋
啪
怎么会呢！
电子通道

宇宙中
没有任何
能量是
免费的！

如果有人在某地使用了能量，那么在另一个地方，一定会有等量的能量消失。这是物理法则，也是自然法则。世界上不会无缘无故地出现新的能量，也不会有任何能量凭空消失。宇宙中的能量总额是固定的，也是绝对不会发生任何变化的。无论是亿万年前，还是亿万年后，能量的总额都是一样的！

科学家根据这种现象提出了**能量守恒定律**，也就是**热力学第一定律**。

世界上不会出现任何一件违反物理法则的事情！

“那么，阿西莫夫博士的小说错了吗？”

怎么可能！如果你读了阿西莫夫博士创作的小说，你就会知道，电子通道并不是真正让人们免费获得能量的机器。人类获得的能量都是系外文明的恶势力为了保护他们的家园，专门传送到地球上的。

“天啊！”

世界上没有任何一台机器可以让我们免费获得能量！

千万不要忘记能量守恒定律！这可是全宇宙最重要的法则！

假如有外星人告诉你，他有办法让你免费使用能量，你一定不要被他欺骗噢！

02 能量从何而来

如果宇宙中有一座能量仓库就好了。仓库里储存着无限的能量，无论我们用掉多少，仓库里总有剩余！

会不会真的有这样一座仓库，只是目前还没有人找到它的具体位置呢？不过，即便找到了这样的仓库，恐怕也没什么用。因为我们只会使用我们熟知的能量。

"你是说，世界上还有我们不知道的能量吗？"

当然！宇宙中有多种不同的能量，其中大部分是连科学家都没有搞清楚的能量。这些谁都没有搞清楚的能量，就叫作**暗能量**！按照科学界的最新说法，正是因为暗能量的存在，不同的星系才会相互排斥！

"真的吗？"

真的！因为暗能量的相互作用，星系之间的距离正在以飞快的速度被拉开。宇宙空间也变得越来越大了！

我们看不到能量的样子，也听不到能量的声音，

更没办法用手去触摸能量，

但是它们确实在默默地工作！

难道它们是幽灵吗？

有可能！

毕竟从来都没有人见过能量的样子，谁也说不清能量到底是什么东西。我们只知道宇宙中有一种叫作能量的东西！

虽然我们经常使用“能量”这个词语，但是我们并不真正地了解它，甚至哲学家和科学家都不懂！

“科学家也不知道吗?”

没错，他们也不知道！

“天啊，科学家也有不知道的事情吗?”

当然啦！一位真正伟大的科学家，反而会很坦诚地承认自己的无知。

你知道科学家和普通人的区别是什么吗?

科学家VS普通人

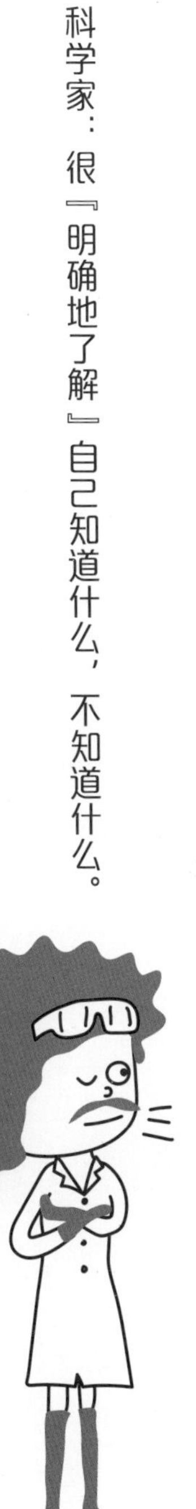

普通人：并『不清楚』自己知道什么，不知道什么。

世界上没有人真正地了解能量，但是科学家们发现了一个事实：虽然能量没有实体，但是它们可以做一些事情！

“做什么事情？”

它们在工作！

“做什么工作？”

随便什么工作都可以！

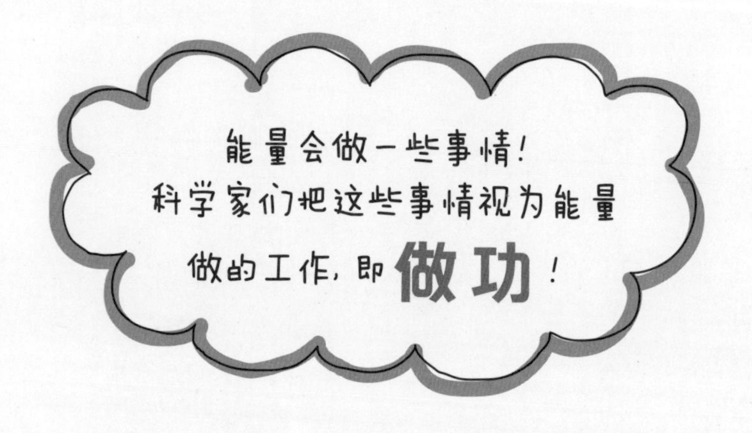

台风来袭之后，海堤塌了，电线杆也倒了。这就是台风的能量做的工作！

当你打棒球时，不小心击碎了邻居家的玻璃窗。在妈妈的眼里，这是你闯的祸。但是在科学家的眼里，这只是能量做的工作而已！

能量正在工作

能量真是太奇怪了！如果它什么都不做，那么任何人都不会意识到它的存在。

不过——嘘！假设你在黑暗中悄悄打开了家里橱柜的门。

在你打开柜门的那一瞬间，能量就出现了。

“它是什么样子的?”

前面已经说过了，能量用眼睛看不到。

“那我怎么知道能量出现了呢?”

能量从你的肌肉里溜了出来，被打开的柜门就是最有力的证据!

嘎吱
能量出现了！
在哪里？它
在哪里？

好了，现在你可以悄悄地把橱柜的门关上了。

真正奇怪的故事从现在才正式开始！

接下来，你将听到一个你从来都没有听过的，关于能量的故事！

03

变身，变身，变身，变身，不断变身的能量

是你把橱柜的门关上了吗?

咚！就在柜门被关上的时候，又有一件奇怪的事情发生了。

“什么事情?”

能量变身了！能量离开了你的肌肉，变成了另一个样子。

“变成了什么样子?”

再重复一遍，我们是没有办法看到能量的样子的。不过，它确实变得不同了。

咚！在柜门被关上的瞬间，空气发生了振动。

柜门接触橱柜的那一刹那，摩擦出现了。同时，摩擦产生了极少量的热，所以空气的温度会有细微的提升。

就这样，热量飘荡在空气之中——原来藏在肌肉里的能量变成了热能！

嘘！
能量离开了你的肌肉，
从窗户缝溜了出去，
它们飞到了云里，
然后渐渐地远去！

你意识到了吗？

能量从来都不会处于完全静止的状态。

每当有事情发生，每当你做新的动作时，能量都会悄然变身！

“怎么变？”

能量的形式会变，名字也会变！

能量在肌肉里的时候，叫作**肌肉能量**。

能量离开你的胳膊之后，它就会变成热能。

同样的道理，**石油能**是储存在石油里的能量，但是一旦汽车启动，能量就会发生转换！

燃料与空气中的氧气相遇，会产生高压气体——哧哧！哧哧！接下来，**热能**会带动汽车中的活塞和轮胎一起转动。这样，热量就会变成**动能**！

不仅如此，汽车在行驶过程中，还会从尾气筒中排出热气。当轮胎在路面上滚动时，柏油路面的温度也会有所升高。这就是石油能转化为热能，热能转化为动能，之后动能又转化成热能，最终飞升入空的过程！

能量正在变身！
在哪里？在哪里？我也想看！
隆隆
石油能
热能
动能
热能

咕噜噜！你想吃泡面吗?

把盛满水的锅放到炉子上，再“咔哒”一声，转动一下按钮。这时，燃气管道中的天然气立刻转化成热能。随后，热能通过锅传递给水。咕嘟咕嘟！水被烧开之后，你就可以看到锅盖被顶得上下乱动，而这就是热能转化为动能的过程。没有水分子转化出的动能，我们是不可能把泡面煮熟的！

你可以骑着车从一个地方去往另一个地方，也要归功于能量的变身。骑自行车的时候，你腿部的肌肉能量会转化成动能，车轮转动经过的地面也会升温。就这样，动能又转化成了热能！

如果没有能量的
变身，

我们什么都
做不了，

世界上也不会发生
任何事情！

站在滑梯上方，你立刻就拥有了一种特殊的能量，这种能量你刚刚还没有。

“爬到滑梯上方就可以获得一种能量？哇，难道我变成了超人吗？”

也许是这样的，因为超人在空中飞行时也需要这种特别的能量。

它就是**势能**。

“噗哈哈！我还是第一次听说，世界上竟然还有这种能量！”

我们可以这样理解，它是物体因位置而具有的能量！

如果你想体验从高处向下滑落的感觉，就必须获得势能。你必须首先利用肌肉能量爬到高处。然后再“嗖”地从高处滑落，这时，势能就会转化成动能了！

“这也算是一种能量吗？”

当然！如果没有势能，世界上就不会有过山车了。

我们之所以能在坐过山车时享受失重带来的快感，就是因为我们利用电能获得了势能。再找一找藏在过山车中的能量吧，那里还有不停变身的能量！

嗖
势能正在变身，它变成了动能！

下次去游乐园玩的时候，一定要用你们鹰一样的眼睛发现更多的能量，看看它们都藏在什么地方，顺便好好观察下能量的变身。

“我要去！我现在就要去！”

04
能量为什么这么贵

能量非常贵！

为什么会这样？

因为能量很不稳定，它们有时聚在一起，有时又散开，不知何时才能再次聚到一起。

例如，想要热牛奶变凉，我们只需等待。即便我们什么都不做，热能也会自动耗散。但是，想要把热能聚合起来就没那么容易了。

你见过世界上有哪一杯热牛奶永远都不会变凉吗？

你见过有哪一杯已经凉掉的牛奶会自动变热吗？

也许再过亿万年，世界上会破天荒地发生一次这样的事情。不过呢，直到现在，这类事情还从来都没有发生过。即便在科学界，也从来没有过类似的报道！

你在做
什么？
我在等牛奶自动变
热。也许就在今天，
这个愿望就可以实
现了，是不是？
哦，天啊！

别白费力气了！

像这样苦苦等待，还不如想象你的眼睛会发射激光，用激光把牛奶加热呢。

牛奶是绝对绝对不可能自己变热的。因为这是宇宙的法则，也就是**热力学第二定律**！当然，更多人熟知它的另一个名字，那就是**熵增加原理**！

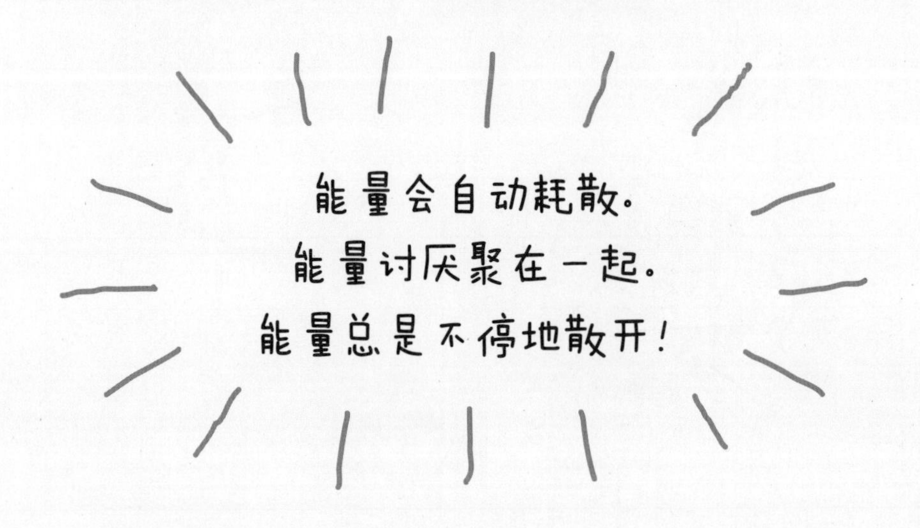

把房间打扫干净很难，但把房间弄乱却很简单。这就是熵增加原理。即便你不是有意把房间弄乱的，房间还是会慢慢地变得没那么整洁。

“天啊，你是怎么知道的？我的房间就是这样不知不觉变乱的！”

妈妈无法理解的熵增加原理

能量的流向永远是从高往低。

也就是从高能量流向低能量！

例如，整理好的房间就是一种高能量状态，也是能量很不喜欢，觉得很不安的状态。所以能量一心只想四散开，回到低能量状态。

正因为如此，房间才会越来越乱！

制作一件东西要比把它砸碎难得多。

烫的东西会变凉，而妈妈刚烫的卷发，也会慢慢恢复成直发。

如果想要让头发再次卷起来，就必须利用化学能和电能了！

能量很容易耗散，
但是却很难
再聚合起来，

所以能量
才会如此昂贵！

现在你理解了吗?

能量之所以如此昂贵，就是因为宇宙的运行遵循熵增加原理。

能量总是想逃走!

能量的流向总是从高到低，越来越低，越来越低，直到地球的尽头，宇宙的尽头……

05

通过能量生产能量

宇宙中的能量总额既不会增加，也不会减少。既然宇宙中的能量总额永远都不会变，为什么人们说能源在枯竭，我们要节约能源呢?

没错，宇宙中的能量确实不会被耗尽，它们只是在不停地变身!

“这么说，我们并不需要节约，对吗?”

并不是!即便宇宙中有无限的能量，多到可以用一辈子，但有些能量是我们触不可及的。

“为什么?”

因为我们不知道怎么使用那些能量，也不知道储存那些能量的方法。

我们可以利用的能量大部分来自煤炭、石油、天然气和铀，近年来我们还越来越多地利用太阳能和风能。

每一次你打开开关，地球上的煤炭、石油、天然气和铀都在一点点地消失!

总有一天，这些能源都会被消耗殆尽。你知道你每天要用掉多少煤炭、石油、天然气和铀吗?

胡说八道！
我连一小块煤炭
都用不完！
果真如此吗？
你还是好好照照镜子吧！

只要你用了电，就等于你用了煤炭、石油或铀！

电是近代人类发现的最伟大的能量。电用起来很便利。它很干净，而且没有任何味道。它是一种魔法般的能量，但是电是从哪里来的呢？

“当然是从墙里呀！”

天啊！

“噗哈哈！我在开玩笑呢。当然是发电站！”

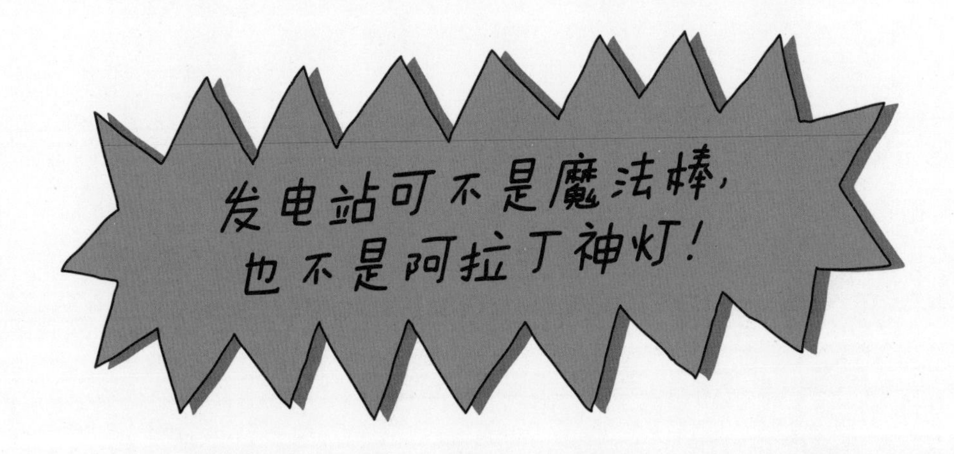

我们所使用的电大部分都是发电站通过燃烧煤炭生产出来的。

发电站只是把煤炭的能量转化成了电能。所以每次你打开开关用电时，其实就是在使用煤炭！

“真的吗？发电站是怎么生产电的？”

把磁铁放到圆圆的线圈导体里，再抽出来，
之后再把它放进去、抽出来，不停地重复这个操作，就会产生电流！
把磁铁固定住，改为转动线圈导体，同样可以产生电流！
这就是伟大的科学家迈克尔·法拉第的发现。

在发电站，人们不会不停地改变磁铁的位置，而是把线圈绕在磁铁上，再快速转动线圈。这就是人们常说的发电机。

那么，人们又是以何种方法让发电机转起来的呢?

用大火燃烧煤炭，把锅炉中的水烧开！水经过加热会产生蒸气压力，人们就可以利用这股力量转动发电机了。有时候我们也会用石油和天然气来代替煤炭。

虽然煤炭和石油都属于化石燃料，但是它们的来源并不一样。长时间被埋在地下的陆地植物可能形成了煤炭，而海洋生物则可能形成了石油。因为生物体内的碳元素较多，所以化石燃料的含碳量都比较高。

碳元素经过燃烧，与空气中的氧气相遇，就会变成二氧化碳。因为二氧化碳可以储存热量，使地球升温，所以也被称为**温室气体**。每一次你打开开关，地球上的温室气体就会增加一点儿！

煤炭和石油都是藏在动植物遗骸中的能量。经过发电站的处理，摇身一变，就变成我们日常使用的电能了！

让人瑟瑟发抖的能量

利用植物遗骸中的能量！

利用动物遗骸中的能量！

除此之外，我们还可以用核燃料来代替煤炭和石油燃料。

“核燃料是什么？”

顾名思义，核燃料是指把原子核当作燃料来使用。

大自然中一共有92种原子，其中一些原子是非常特殊的，它们的原子核可以在没有外界干涉的情况下自动裂成两半，并且在发生裂变的同时产生巨大的热量。我们可以利用这种热量让发电机转起来。

“竟然还有这种原子！”

没错，它就是铀。

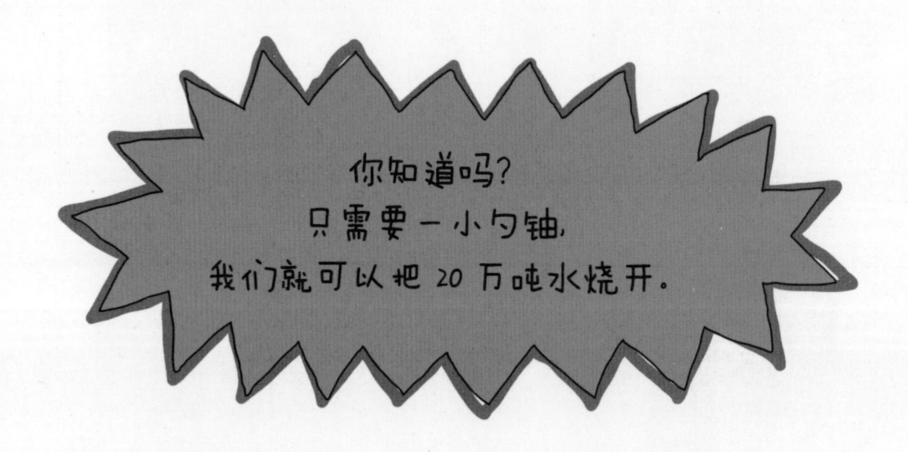

核能真了不起！

“太让人难以置信了！”

咕嘟咕嘟

20万吨

哇

不同于煤炭和石油，使用核能不仅不会产生温室气体，而且只需要非常少量的核能，我们就可以获得巨大的能量。

然而，使用核能也有一个问题。

“什么问题?”

核能的危险系数太高了!

如果核能发电机发生了故障，或者因为地震、海啸等自然灾害遭到了破坏，就会发生非常可怕的事情。

“会发生什么样的事情?”

你可以先在网络上搜索“切尔诺贝利核电站事故”和“福岛核泄漏事故”。

1986 年
切尔诺贝利

核泄漏事故固然可怕，但是真正让人头疼的是另一个问题。

“还有比核泄漏事故更可怕的?”

没错，那就是核电站的核废料。这些东西比核泄漏事故还要危险 10 倍，甚至 100 倍。

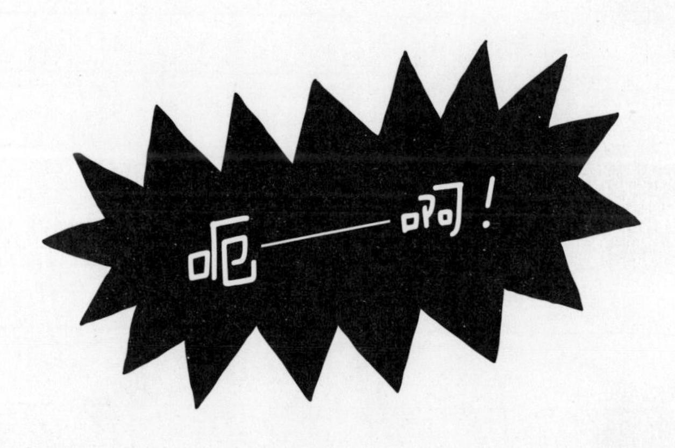

铀矿的残渣，以及被放射性物质污染的工作服、手套、抹布、鞋子、发电机的替换零部件等，都是非常危险的，其中最危险的还属铀矿渣。

核反应堆工作 1 年，就会产生约 30 吨的铀矿渣。这些铀矿渣非常危险，它们的辐射很强，甚至在晚上会发出光来。

即便我们把这些铀矿渣深埋地下，它们也会持续地释放出放射性元素，时间长达数千万年。更大的问题就是，我们至今都没有找到处理这些核废料的好办法。

目前，核电站会把这些核废料封存起来，但是大家都不知道应该怎样处理它们。

人类利用核能的历史已经超过70年，但是我们仍然没有找到处理核废料的好方法。

嘘！再告诉你一个秘密：用来填埋核废料的坑挖得并不深！

“天啊！”

06

未来能量近在咫尺

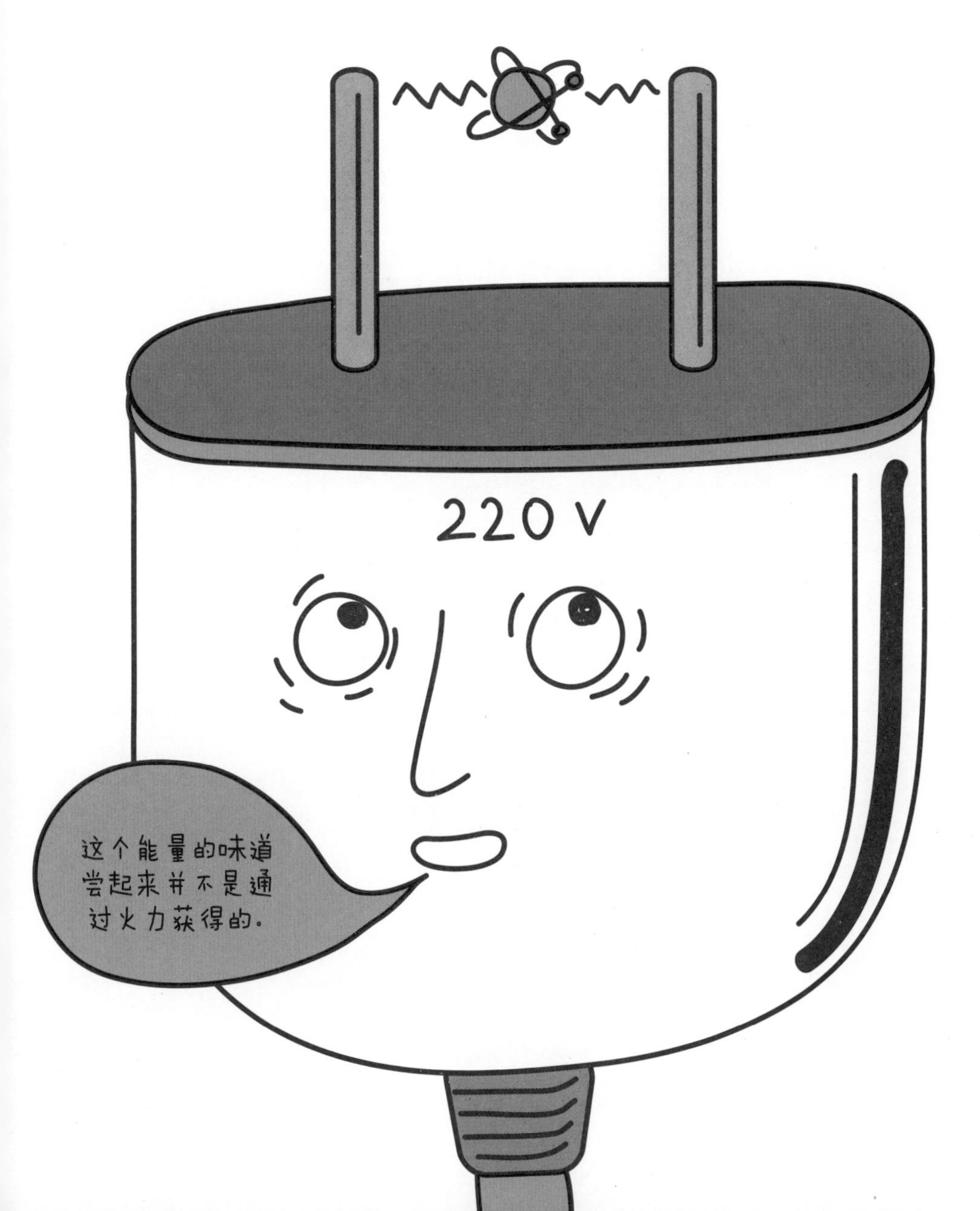

能量真让人头疼。

如果没有电，我们几乎一天都过不下去。但是为了获得电能，我们必须付出巨大的代价。当我们使用电时，在世界上的某个地方，却发生着很可怕的事情！

当我们为手机充电时，当我们打开空调吹冷风时，聚集在地球上空的温室气体正慢慢变多，无法处理的核废料也变得越来越多。

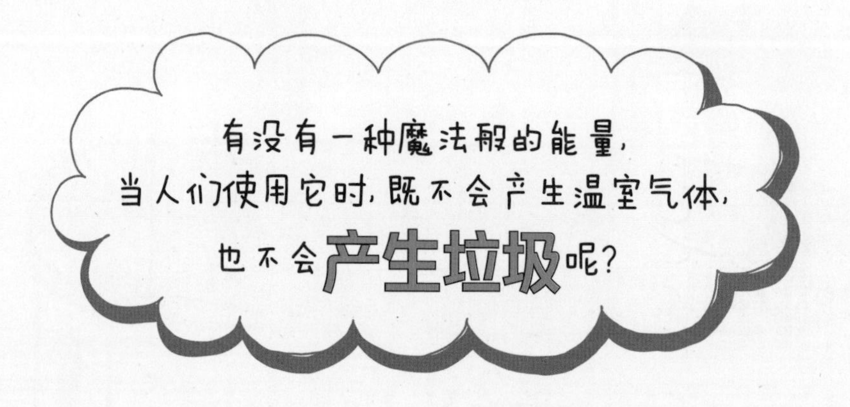

有！这种能量不仅不脏，不危险，而且在地球上到处都是。

它们就是阳光和风！

有了它们，我们就不需要烧锅炉，利用水蒸气的动力转动发电机了。

太阳能和风能可以直接转化为电能。这样一来，其他发电站就能逐渐退出历史舞台了。

2050年

某某小学

“什么？我们怎么会是原始人呢？”

也许在未来的孩子们眼里，我们和原始人并没有什么区别！

到了他们生活的时代，每家每户都会装上一种特殊的装置，在家里就可以自行发电。所以，他们一定不了解火力发电站，也不清楚核能发电站是什么东西。

即便他们不分日夜地亮着灯，洗衣机和冰箱永远不停地工作，甚至从不记得关空调，也不需要为此交电费。

自家用电，自家生产！

“哇！他们是怎么做到的？”

很简单，装上太阳能电池板就可以了！阳光中的光子接触到太阳能电池板之后就会变成电子。

“我也想立刻装上太阳能电池版！”

然而从目前的情况来看，太阳能电池板的费用还是太高了，而且能量的转化效率也比较低，并且不能大规模地发电。但是，科学家们正在努力地寻找提高能量转化效率的方法。所以，未来的太阳能电池板一定会更便宜、更高效，同时还能为我们提供更多的电。

虽然有点儿热，
不过没关系！
我也要收集
太阳能！

还有一种清洁能源，未来说不定会比太阳能电池更成规模地为我们提供电。它就是**风能**！

风车可以利用风的力量让涡轮机转动起来。风吹动风车，风车即可获得动能。这些动能会带动发电机上的铜线圈旋转，这样就可以生产电了。

通常情况下，风力发电站都建在风力比较强的山坡上或海边。同时，海拔越高，风也会刮得更猛烈。所以，为了获得更强的风力，人们会把风车建得越来越高，越来越大！

把风车建得更高一些！再高一些！更高一些！

有风的日子，
我浑身充满了
力气。

由于风大的地方普遍远离城市，所以，风力发电后的长距离输送电就变成了一个大问题。此外，建设一座风力发电站也需要非常大的投入。

即便这些问题都能得到解决，世界上也没有那么多地方满足建设风力发电站的要求。

所以，科学家和工程师们想到了一个替代方案。

那就是空中风力发电！

“那是什么？”

相当于利用可以飞的风车发电。

“可以飞的风车？哇！”

把风车送到600米的高空，然后在空中发电！

“怎样才能在空中发电呢？”

让充满氦气的飞行器带着涡轮机和风车飞到空中。因为高空中风很大，所以它可以飞到任何地方，就算飞到大海上空也完全没关系！

抓紧喽！
我快要被吹走啦！

很快，所有的内燃机汽车就会从地球上消失了。

现在，绝大多数汽车的油箱里都装满了汽油，在行驶过程中还不断地排出废气。赶快把这些令人讨厌的东西丢掉吧！

代替它们行驶在马路上的将会是既安静又干净的电动汽车。驾驶电动汽车不需要四处寻找加油站，我们可以到充电站给它充电！

或许，电动汽车同样会被替代，我们最终将迎来氢能汽车时代。

氢能汽车既不需要使用汽油，也不需要安装电池，只要在氢气罐里装满氢气就可以了。一旦氢气罐中的氢气和空气中的氧气相遇，在发生反应变成水的同时，也会释放出强劲的化学能。

氢能汽车是通过把化学能转化为电能来获得动力的。而且氢能汽车在行驶过程中不会排出废气，最多形成滴滴答答的几滴水！

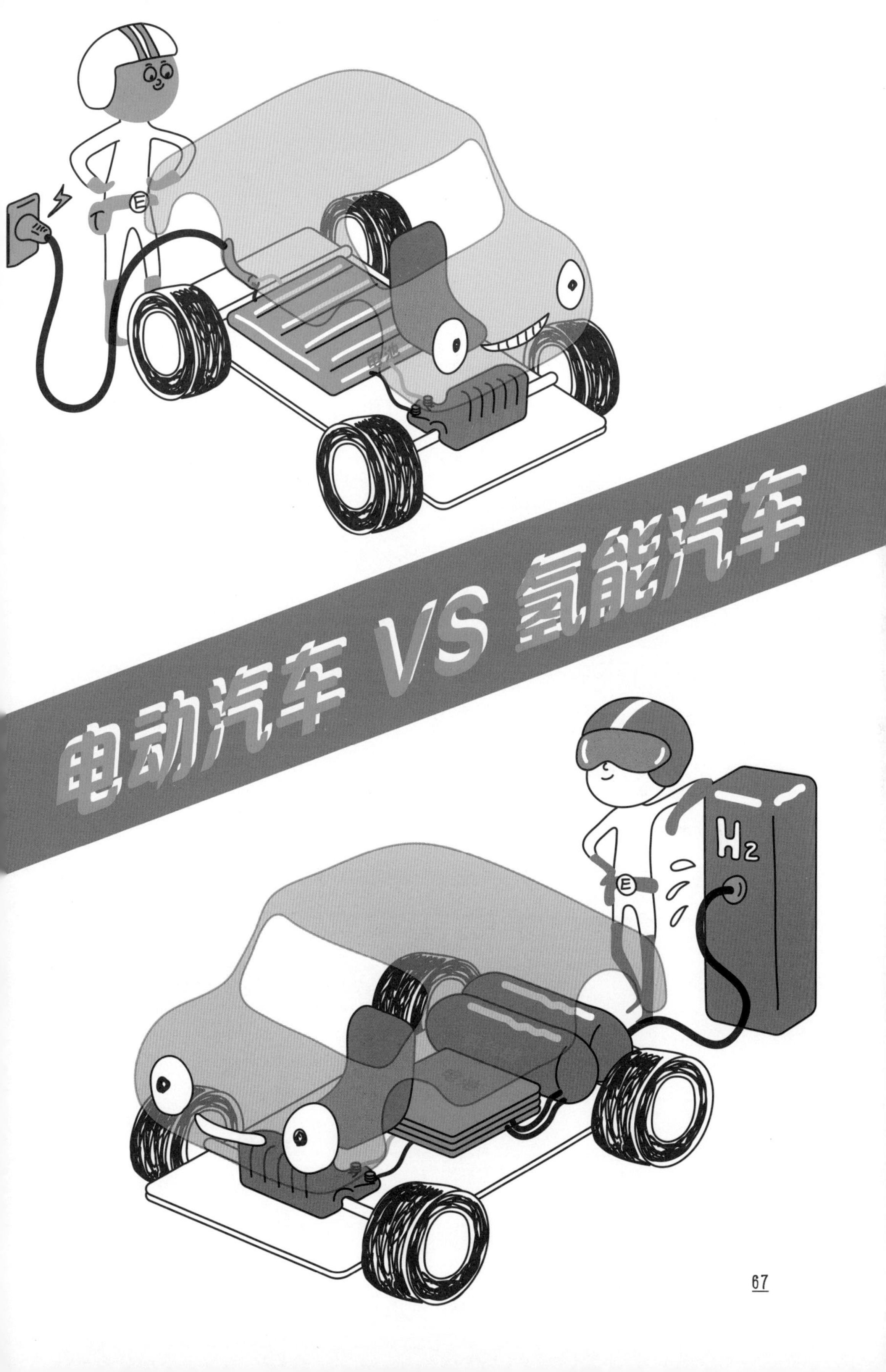
电动汽车 VS 氢能汽车
H2

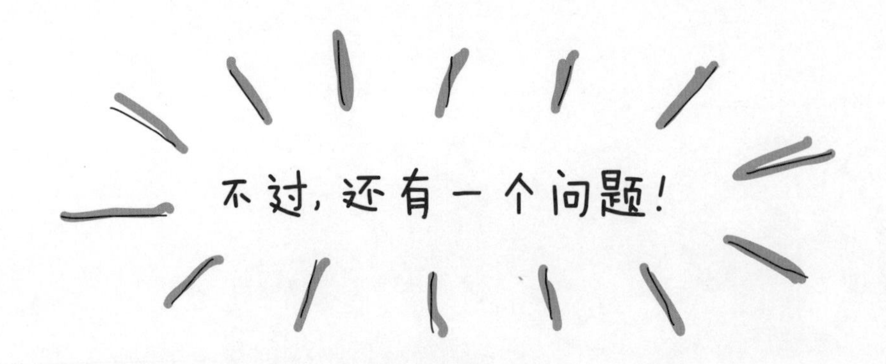

“又有什么问题？”

电动汽车和氢能汽车确实与现在大部分汽车不一样，它们不直接使用化石燃料，但是它们仍然需要使用电。你有没有想过，为电动汽车充电的电又是从哪里来的呢？

那些电仍然来自发电站。人们还是需要在某一个地方燃烧煤炭，同样离不开发电站。

氢能汽车也没有什么不同。

虽然氢是宇宙中含量最多的化学元素，但是在地球上，大部分氢元素都被锁在了水里。为了获得氢，我们需要通过电解水的方法把氧和氢分开。为此，我们需要大量的电，而这些电又从何而来呢？

这些电也是火力发电站或者核电站生产的！

快点儿把氢元素分离出来!
快一点儿,快一点儿!
电不够用了!

其实，我们只是在转换能量罢了——把煤炭、石油和风等能量转换成电能。

我们无法凭空生产能量。

为了生产能量，我们只能不停地消耗能量。

为了使用能量，我们只能消耗掉更多的能量！

07

核聚变能

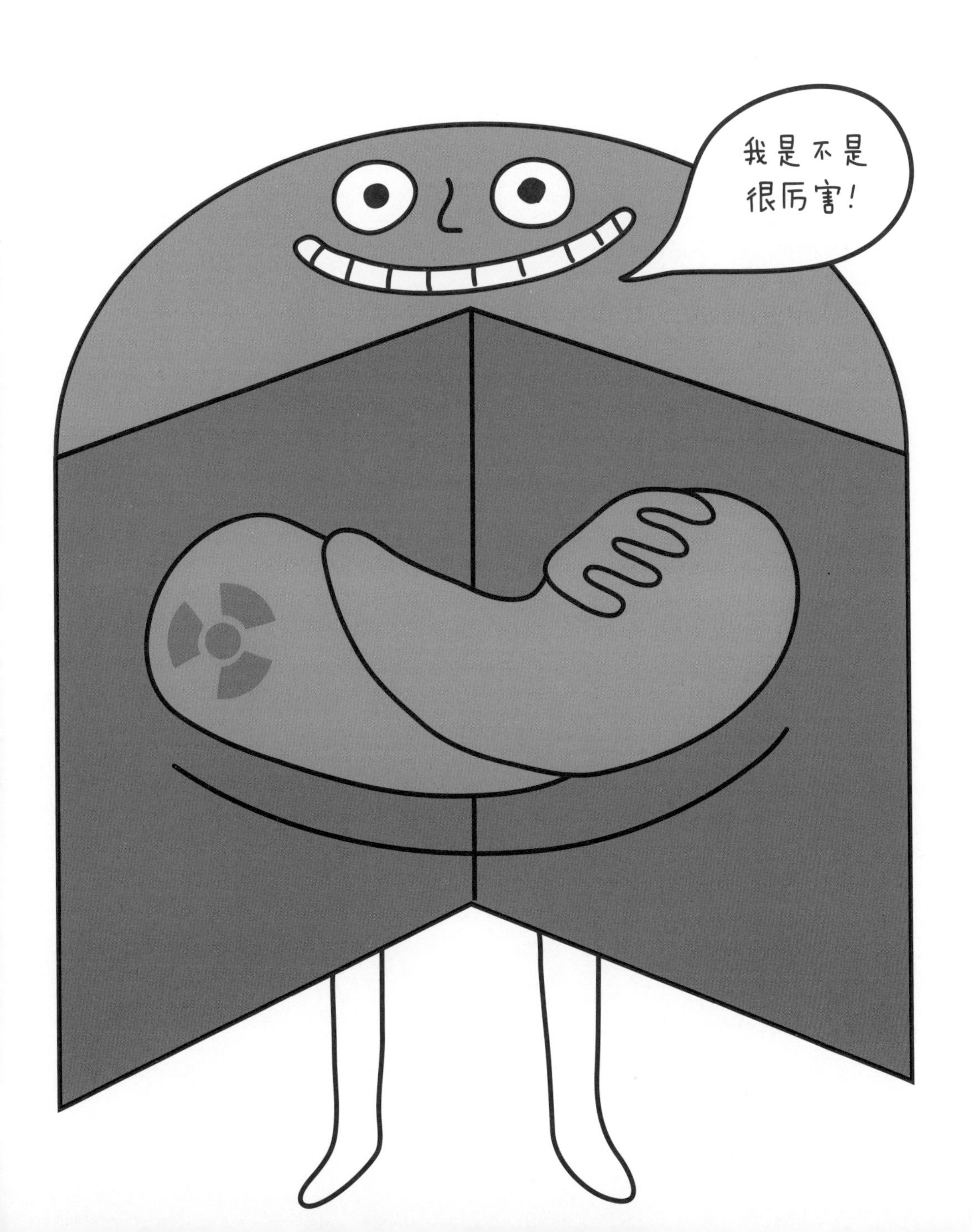

能量真的被诅咒了吗?

也许是的!

或许的确是这样!

我们需要一种终极能量来打破这个魔咒。

“世界上真的有这种终极能量吗?”

有!

也许到 2100 年,我们就可以获得那种能量了。

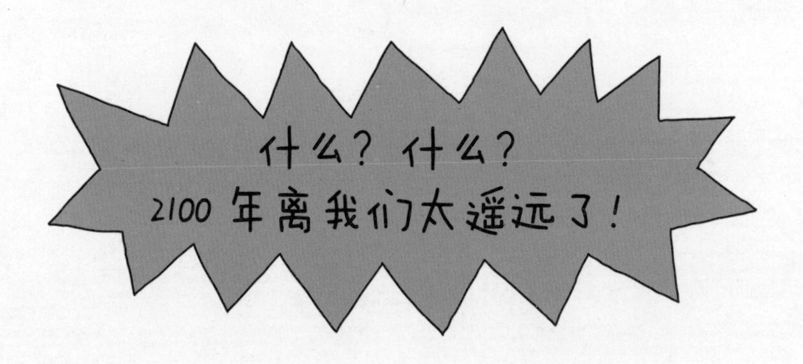

不要着急,也许我们可以更快地拥有它们。科学家们曾经说过,他们会在 20 年内找出这种终极能量。只是每过 20 年,他们就会重复说一遍同样的话。

我们有可能找到完美的能量吗？
有可能！
大概什么时候才能找到它们呢？
至少在20年内我们可以……
20年后
完美的能量会出现吗？
会的。
最迟在20年以后，我们就可以……
40年后
到底要等到什么时候？
在未来的20年之内……

“什么情况？到底是找得到，还是找不到？究竟是有，还是没有？”

一定有！嘘！而且这种能量近在咫尺。不过，它们也可能在离我们非常非常遥远的地方。

你知道恒星为什么会燃烧吗？

宇宙中有上千亿个星系，每个星系中至少有数亿颗恒星。你知道这些恒星的能量来自哪里吗？

在过去的45亿年中，太阳一直都在熊熊燃烧着，一天都没有停止过。难道世界上真的有这样完美的燃料，可以让恒星一直燃烧下去？

“真的有这种燃料吗？”

有！那就是第一个出现在宇宙之中的元素，也是宇宙中最多的元素。

我知道！
就是氢嘛！
很不错哟！

恒星，其实就是巨型氢气团！

在巨大的引力作用下，氢不断地累积。经过亿万年的日积月累，慢慢变成了一颗恒星。恒星内部的温度可以达到数千万摄氏度。例如，太阳内部的温度就高达1 500万摄氏度！你能想象得出如此高的温度会有多烫吗？这可不是100摄氏度、1 000摄氏度或10 000摄氏度，而是比10 000摄氏度还要高1 500倍的温度！

这样的热度已经超出了所有人的想象！

而就在那里，一件奇怪的事情发生了。在恒星里面的里面的里面的里面……就在恒星的最里面，一件奇迹一般不可思议的事情正在发生！

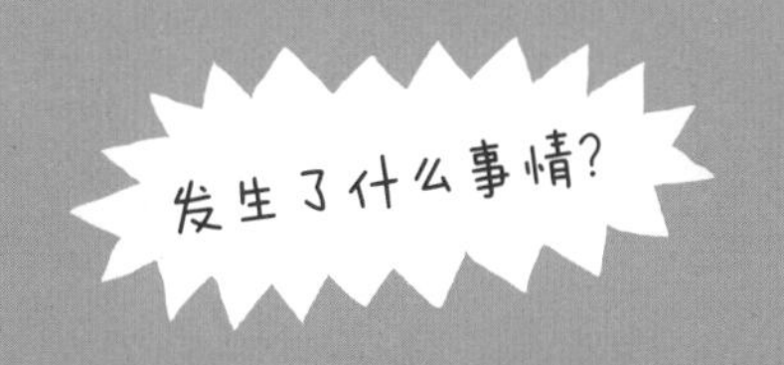

原子和原子结合在一起，
变成了
一个全新的原子。

两个氢原子变成了
一个氦原子!

“那又怎样?”

你不觉得这是一件很惊人的事情吗?

砰!如果你眼前的沙子变成了金子,你会相信这是事实吗?如果爆米花变成了足球,你能相信你看到的都是真的吗?

然而在恒星内部,确实在发生这种事情!

“哦!”

而且,真正惊人的事情才刚刚开始呢!

一个新的氦原子竟然比两个已经消失的氢原子稍微轻了一点儿!

根据**能量守恒定律**，

宇宙中的任何能量都不会凭空消失。

减少的质量一定变成了另一种东西。

☆☆☆

悄无声息，摇身一变！

减少的质量变成了能量！

变成了光和热！

这也正好解释了为什么恒星会发光。

太阳会发光也同样出于这个原因。太阳发出的光会穿过黑暗的宇宙空间，横跨 1.5 亿千米的遥远距离，最终照亮你的额头。

而科学家们苦苦追寻的终极能源就在这里。

科学家们想要在地球上

“天啊！怎么做？他们能做到吗？”

有可能吗?
会成功吗?

有可能！

模拟太阳内部发生的情况，把氢原子的原子核结合到一起，把氢原子变成氦原子。这样，我们就可以获得巨大的能量了。

这就是科学家们梦寐以求的**核聚变能**！

通过把氢原子聚变成氦原子！

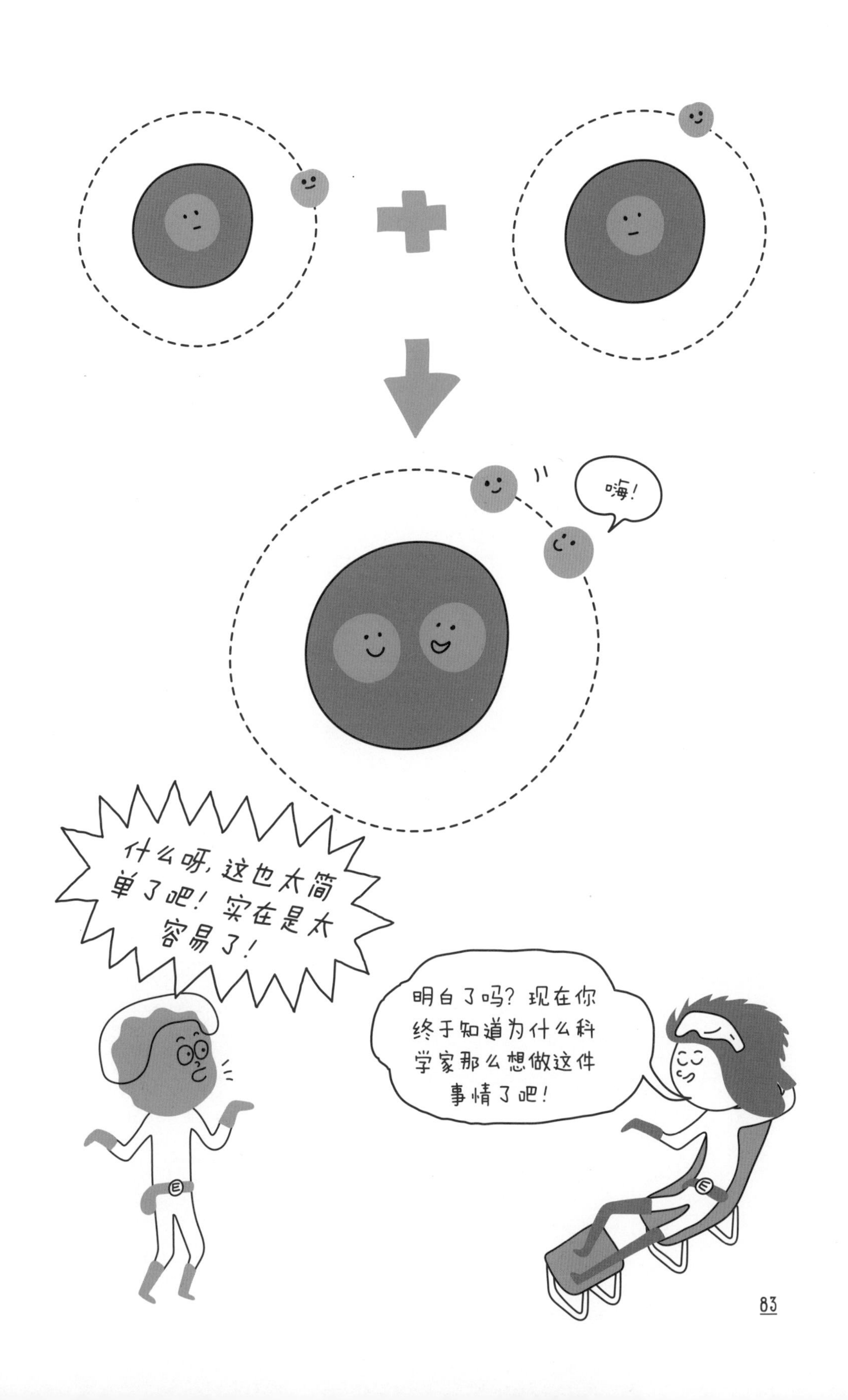
嗨！
什么呀，这也太简单了吧！实在是太容易了！
明白了吗？现在你终于知道为什么科学家那么想做这件事情了吧！

如果我们真的可以获得核聚变能，那么它就会超越人类使用过的所有能量。核聚变能就是人类梦寐以求的能量。

它不会产生温室气体，不会产生可怕的核废料，不存在发生事故的风险，而且只需一点点燃料，就能让我们获得无限的电。

毕竟宇宙中最多的元素就是氢，地球上也从来都不缺海水。

总而言之，核聚变能是一种非常完美的能量。但还有最后一个问题！

“什么问题?”

它目前还不存在呀！

08

地球上的人造太阳

核聚变的发生并不常见，它绝对不会在一般条件下发生！不，这是一件绝对不可以发生的事情。

其实，原子核不会轻易地结合在一起，这对我们来说反而是一件幸事。

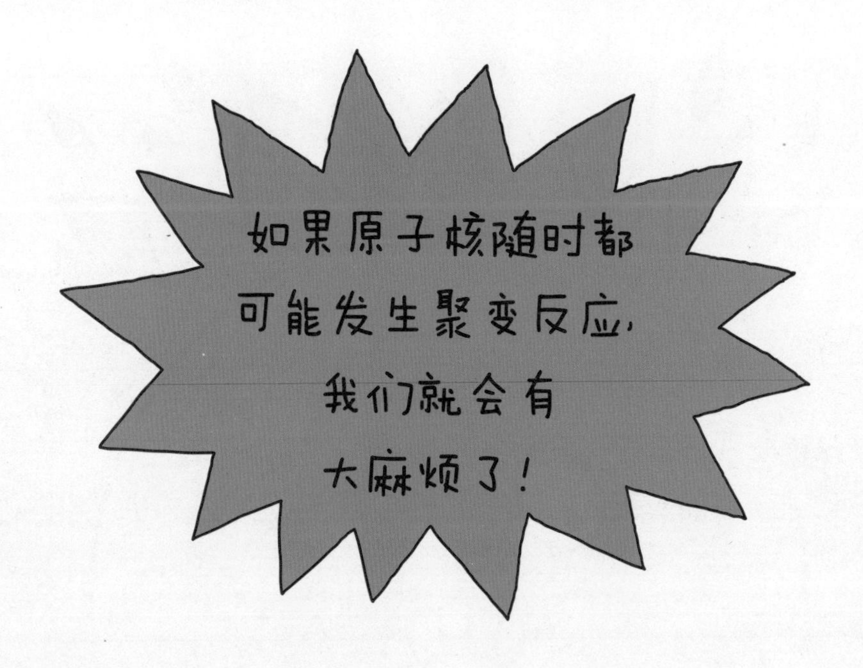

如果随时都有可能发生核聚变，那么你就不可能一直保持现在这个样子，我也不可能以我现在的模样存在了。同样的道理，杯子没办法保持杯子的模样，铅笔也不会一直都是铅笔。也许世界上的所有物质最终都会粘在一起，这样宇宙就会慢慢变成一个大球。

核聚变是一件非常非常非常不寻常的事情，它只发生在距离我们很遥远的恒星内部！

想要让原子核发生聚变，首要条件就是达到与恒星内部一样的超高温。但是，在地球上我们很难很难获得那么高的温度。

即使温度达标，我们要用什么东西把它们装起来呢？就算是钻石，也会被瞬间熔化！所以用什么容器来保存氢，就成了一个至关重要的问题。

就在大家为此伤脑筋的时候，一则惊人的消息传来了：竟然有人在一般的温度条件下成功实现了核聚变！

议论纷纷

1951 年，有消息称来自阿根廷的科学家罗纳德·里希特暗中进行了核聚变实验，并且获得了成功。听到这个消息时，美国震惊了，苏联也被吓了一跳。

“怎么可能？！”

“一定是在说梦话吧！”

砰！

调查人员找到了罗纳德·里希特的实验室。而就在他们准备走进去时，里希特把实验室的大门炸飞了！

由此，罗纳德·里希特被判定为精神异常者。不仅如此，他还因为欺骗政府的行为受到了法院的审判。

直到 1989 年，核聚变才又一次让世界沸腾了起来。

这一次，美国犹他大学的知名化学家斯坦利·庞斯和马丁·弗莱施曼宣称他们在低温条件下进行的核聚变实验取得了成功。这不是在超高温条件下发生的核聚变反应，而是在普通的温度条件下发生的！

“竟然有这种事情？！”

两位化学家声称，只要把钯放入重水（比普通的水略重）中，就会产生一系列魔法般的反应。咕嘟咕嘟，氢原子就会发生核聚变反应。

为了复制庞斯和弗莱施曼的实验，许许多多的科学家聚到了一起。只是没过多久，科学家们就发现他们的化学方程式存在漏洞。如果庞斯和弗莱施曼的结论是正确的，那么他们是不可能活下来的。因为实验过程中产生的可怕能量会令他们丢掉性命！

由此，科学家们认为用钯是没办法引起核聚变反应的。不过围绕核聚变的讨论从未停止，有关核聚变实验成功的消息也在不时地传来。

即便核聚变实验成功了，科学家们也不知道真正的原因。然而，如果这个装置只能“偶尔”正常运转，那么我们是没法用这一方法为汽车提供动力的。

出售非常廉价的能源!
不过有一个问题，使用这种能量的汽车只能时不时地运行一段时间，谁也不知道它什么时候就会停下来。
Pd

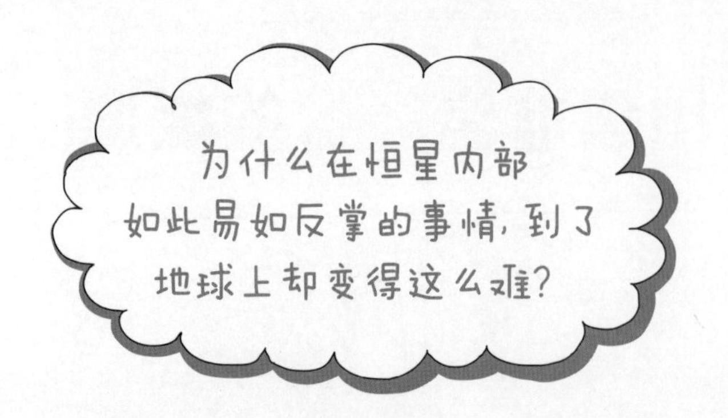

因为恒星内部的温度非常高，远远超过了地球上人为可能达到的最高温。即便解决了温度的问题，我们也找不到任何可以容纳超高温氢气的容器。地球上没有什么东西可以耐得住这么高的温度！

但是，科学家们并没有因此放弃挑战。

通过往氢气中通入电流，照射中子和激光束，他们终于把温度提升到超高温的水平。

2008 年，韩国的 KSTAR 核聚变装置投入运行。经过 10 年的努力，KSTAR 于 2008 年首次成功让等离子体在 1 亿摄氏度的超高温下维持了 1.5 秒。

2020 年，KSTAR 又让等离子体在 1 亿摄氏度的超高温下维持了 20 秒，创造了当时的世界纪录。

2021 年 5 月，中国的 EAST 核聚变装置实现了可重复的 1.2 亿摄氏度等离子体运行 101 秒，再次刷新了世界纪录。

核聚变实验炉

美国国家点火装置（NIF）是一种激光核聚变装置。

NIF 所在建筑物的面积相当于 3 个足球场，有 10 层楼那么高。

NIF 内部设有 192 台大型激光器，它们会一齐向橡皮擦大小的目标物发射激光。192 台激光器几乎同时发射激光，前后时间差不超过十亿分之一秒。同时，激光会高度精准地射向目标物，几纳米的偏差都不允许。这种操作的难度相当于从北京向上海扔一颗棒球，而且还准确地打进了好球区！

“哇！”

科学家都
疯了吧！
他们会成
功吗？
也许吧！
或许可以！
总有一天会
成功的！

为了实现核聚变，世界各地的科学家们都聚集到了一起，齐心协力攻克难题。

国际热核聚变实验堆计划（ITER）是人类历史上规模最大的一次科学实验，由欧盟、美国、中国、印度、日本、俄罗斯和韩国共同参与。

2020年7月，ITER在法国总部举行了重大工程安装启动仪式。

国际热核聚变实验堆看起来像一个中空的铁质甜甜圈。实际上，ITER是一块比埃菲尔铁塔重3倍，高达19层楼的巨大磁铁。“甜甜圈”内部有许许多多的磁线圈。

ITER的每一个零部件都非常重，搬运零部件的货车总是会把路面压坏。

而且，你们知道吗？其中最重的零部件重达900吨，几乎与一幢4层高的建筑物差不多重。

国际热核聚变实验堆计划

ITER

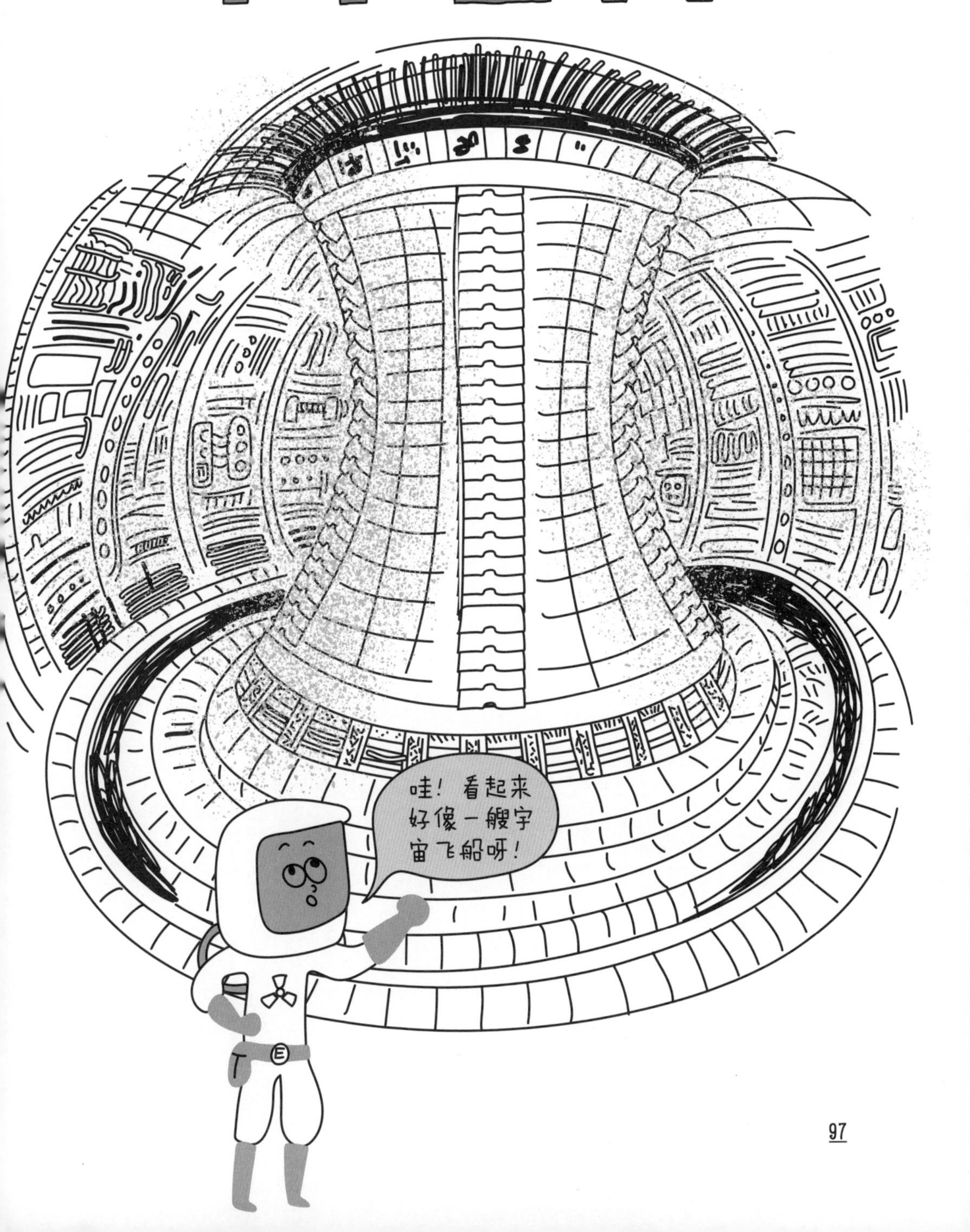

我们真的可以造出一颗太阳吗?

像太阳一样发烫的氢气无法被装进由任何一种物质制造的容器,所以我们只能使用磁瓶了。

“瓷瓶?是用陶瓷做的瓶子吗?”

当然不是!磁瓶是由强磁场形成的,是我们无法用肉眼看到的“瓶子”!

建造一个装置,用巨大的线圈制造出强大的磁场,这样我们就可以把热得发烫的氢气储存在磁场之中了。

这样超高温氢气就不会碰到墙壁,而会呈环状飘在半空中了。是不是很像一个隐形的“甜甜圈”?

不过,我们必须确保氢气团均匀受压,不能因为受力不均而凹凸不平。但是,控制磁场可不是一件容易的事。想一想按压气球的情形,你们就会明白了。无论使用什么样的方法,我们的手掌都没办法在气球表面施加均匀的力!

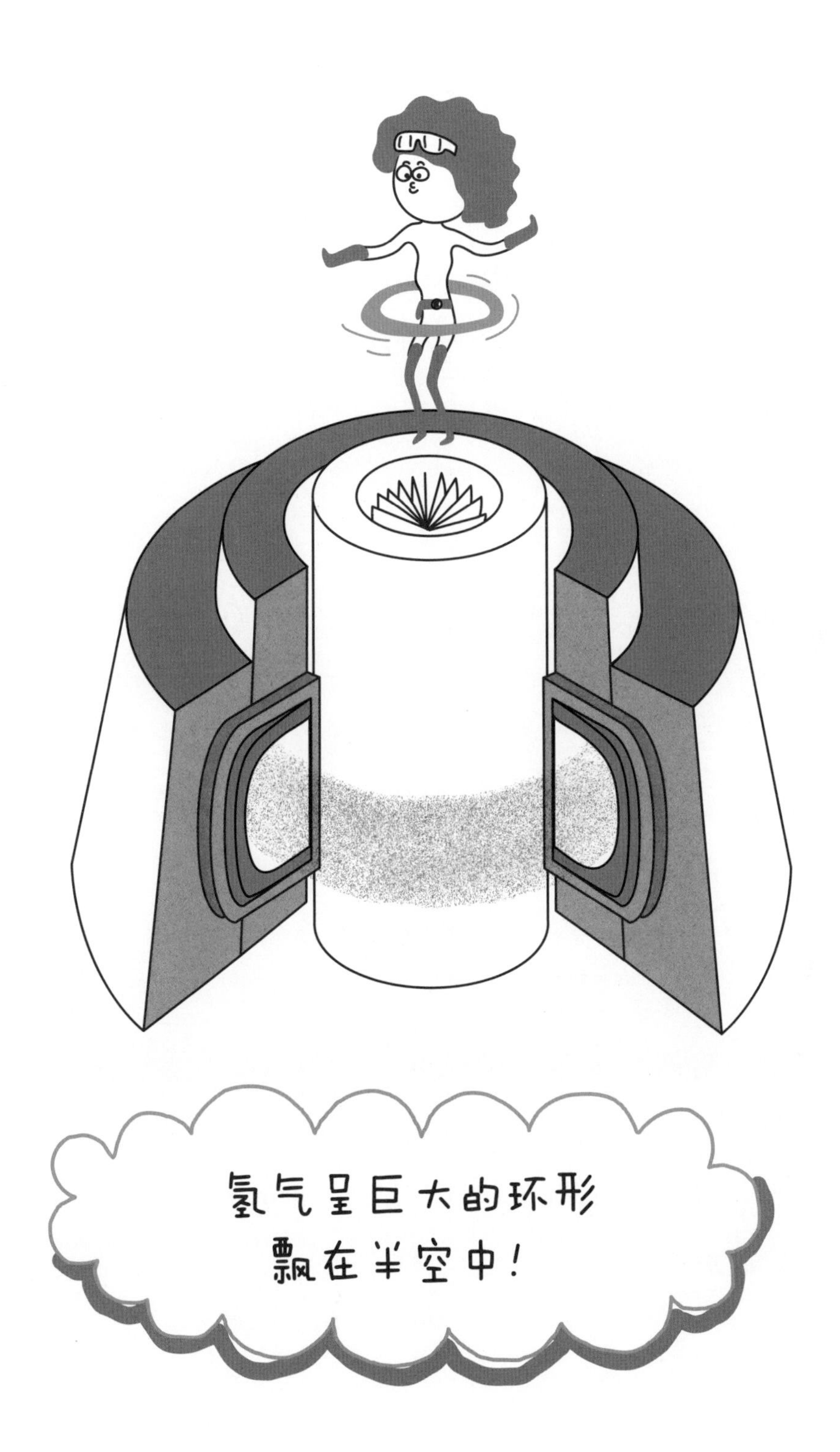
氢气呈巨大的环形
飘在半空中！

ITER目前还是一项能量转化效率为零的实验。不，准确地说，现在的能量转化效率还是负数！

因为想要利用核聚变生产能量，就必须投入10倍的能量。但是我们并不能因此就停止实验。总有一天，我们可以通过核聚变的能量转动涡轮机，以非常低廉的价格获得无穷无尽的电！也许这一天会在2050年到来，或者我们会更早地迎来这一天！

不过谁都无法保障这项实验一定会成功。

与此同时，还有很多人在挑战另一项核聚变实验。他们想发明一种体积不大、成本不高，可以放在桌面上使用的小型核聚变机器。不仅有隐退的物理学家、怪才发明家、业余科学家在为此努力，不少独立的科学家也参与了进来。

其中，有些科学家利用超声波造出的泡沫，成功在一个小箱子里实现了低温核聚变。还有一些科学家在真空箱里，用两颗金属球让氢发生了核聚变反应。一名来自美国的14岁少年则是在自己家的车库，用真空吸尘器做成的装置完成了核聚变实验，成为当时世界上最年轻的挑战成功者！

“真的吗？”

你在做什么?!

我在做核聚变
装置啊!
救救我!

也许在100年以后，每家每户都将拥有一台小型核聚变发电机。汽车里也会装上核聚变发电装置，轻松为汽车提供动力，让汽车跑起来。

未来的汽车将不再需要燃料。嗡嗡！轰隆隆！只要翻一翻垃圾桶，把香蕉皮、瘪掉的易拉罐放进汽车的燃料箱就可以了。

如果你觉得等待100年太枯燥，那么接下来的新闻一定会让你大吃一惊！

09

室温超导体

“超导体？那是什么东西？”

它是来自 22 世纪的“魔法石”！想要了解超导体，你就必须先了解电，你知道电是什么吗？

“电就是电啊！还能是什么？”

电其实是电子的移动。如果电子保持同一个方向的运动，就会形成电流。电用起来很方便，我们看不到它的样子，闻不到它的味道。电一直都安安静静的，而且也非常干净。

我没办法想象没有电的世界会变成什么样子！你可以想一想，你每天要用多少电。早上，吵醒你的是闹钟。起床后，你用电动牙刷刷了牙，给智能手机充满了电。你还会乘坐地铁去游乐园，那里有各种各样的游乐设施，你可以开开心心地玩一整天。你知道这样度过一天要消耗掉多少电吗？

因为电用起来特别方便，所以人们想尽办法建设发电站，把煤炭、石油、风和核能等都转化成电能。

不过，电也有一个非常致命的缺点。电离开发电站之后，会有大量的损耗。最终到达我们家中的电可能只剩三分之一了，其余三分之二的电在运输的过程中转化成热能，进入空气中！

怎么回事？怎么
只剩下这么一点
点了？
快接着吧！

顺利来到我们家里的电，也并非能百分之百为我们所用。只要我们接通电源，就会有一部分电能转化成热能。也正是这个原因，灯泡、电视、电脑、冰箱才会变得热乎乎的！而且，我们不得不为那些浪费掉的热能多付电费！

电子在电线中移动时，会不断地与电线中的原子发生碰撞。在这个过程中，就产生了热能。也正是因为电子会被原子弹开，所以才会有能量的损耗。

通常情况下，电子设备发生故障也与热能有着非常紧密的联系，这让科学家及工程师都非常头疼。

例如，我们经常使用的电脑，通常情况下不该发生故障。但是，有时电脑因为使用时间较长而发热却能让电脑死机。

我马上就要
被烧坏了。
救命呀……
嘀嘀嘀嘀
嗒嗒嗒嗒
嗖嗖嗖

如果电子可以自由自在、没有任何阻碍地在电线里流动就好了！这样发电站生产出来的电就可以全部输送到各家各户，电子产品也不会再发烫了。想要实现这个目标，我们就必须用一种特殊的物质来做电线。

“世界上有这样的物质吗?”

有！它就是**超导体**。超导体是一种超级导体，它可以100%地传输电能。如果我们真的可以用完美的超导体做电线，就会发生非常惊人的事情。

假设我们用超导体制作环状的电线，那么只要通一次电，电流就可以一直流动下去，不需要额外补充能量，电流就可以持续流动十万年!

“天啊！真不可思议!”

有些科学家甚至认为只要宇宙还存在，电流就可以一直流动下去。当然，从理论层面来说，如果电能没有丝毫的损耗，电流的确可以永远流动下去，而我们也就不再需要电池和充电器了。只要设备里储存了电，就永远也不会断电!

“这是真的吗?”

科学家们正在努力地寻找超导体，就像魔法师寻找遗失的魔杖一样!

我们找到喽！

在哪里？
不知道！不知道它在哪儿，也不知道它存不存在，谁都不知道究竟是怎么回事。

目前，有一种方法有望制造出超导体，那就是把制作电线的物质冷冻起来。热能的产生源于原子的运动，为了让原子停下来，我们必须把温度降到零下 273 摄氏度，把原子全部冻住！

这时，即便电子经过，原子也会一动不动，所以零下 273 摄氏度也被科学家们称为**绝对零度**。

然而，绝对零度是不可能实现的，只能无限接近。

后来，科学家们发现一种奇特的物质，在温度高于绝对零度时，它竟然可以变成超导体！

也许你在家里就能找到这种东西，它就是陶瓷！当然，能成为超导体的陶瓷含有某些特殊成分，与你家里的普通陶瓷大有区别。

在温度低至零下 181 摄氏度时，陶瓷就可以变成超导体了。即便如此，我们也不太可能用陶瓷制作电线。毕竟电线需要具有很好的柔韧性，是不是？

对此，科学家们非常震惊，究竟是什么原因使陶瓷在特定的温度条件下发生了超导现象？

如果你可以解开这个秘密，诺贝尔奖将非你莫属！

“真的吗？”

为了诺贝尔奖

为了让电流更顺畅地流动，就要把温度降到超低值，这几乎是不可能的。因此，我们必须找出在常温下就能变成超导体的物质，也就是**室温超导体**。

室温超导体的问世将会给世界带来奇迹！如果某一天，你听到了“发现室温超导体”的新闻，千万不要因为过于激动而晕倒哟！

10
磁力时代的到来

室温超导体的到来将会开启一个惊人的新时代。到了那个时候，你就可以把现在那种带轮子的滑板丢掉了，因为踩在滑板上的你会飞向天空！那时的汽车不再需要燃烧汽油，火车也会在半空中运行！

“你是在说科幻小说里的情节吗?”

不，我说的是科学！

我们可以利用室温超导体制成超强力磁铁。有了超强力磁铁，我们就不再需要耗费任何能量了。凭借磁铁的力量，汽车和火车就能飘在半空中！

“这是魔法吗?”

不，是科学！原理很简单。

虽然我们无法亲眼看到，但是磁铁周围都是有磁能的。把铁屑撒在磁铁周围吧，这样你就能立刻看到磁能的存在了。

不过磁能是无法通过超导体的。在超导体周围，磁能会变形。

看到了吗?
看到了!
飘飘悠悠
哇,浮起
来了!

未来的汽车不再行驶在柏油路上，而是驰骋在用超导体铺成的道路上。

未来的汽车也不再需要轮子，因为汽车内部已经装上了超导体，或者说永磁铁，会令汽车悬浮在半空中。也因为汽车在半空中行驶，所以它们几乎不消耗能量。

现在，汽车仍需要大量的能量才能前行。造成这一差异的主要原因在于汽车在地面上行驶时，轮胎和路面之间会产生摩擦。如果没有摩擦，也许只需几升汽油，就可以轻松驾驶几百千米。

未来的汽车只需压缩空气，就可以获得动力。而且汽车一旦启动，就将永远行驶下去。也就是说，汽车只有在出发和停车，以及改变方向时才消耗能量，行驶的时候是零消耗的！

哟吼！
能量罐

我们会找到室温超导体吗?

也许我们明天就能找到它，也可能永远都找不到!

你更愿意相信哪一种说法呢?

11
太空太阳能发电

100年以后，我们会在宇宙中建设一座太空太阳能发电站。在人造卫星运行轨道建一座太阳能发电站，再把能量送回地球。

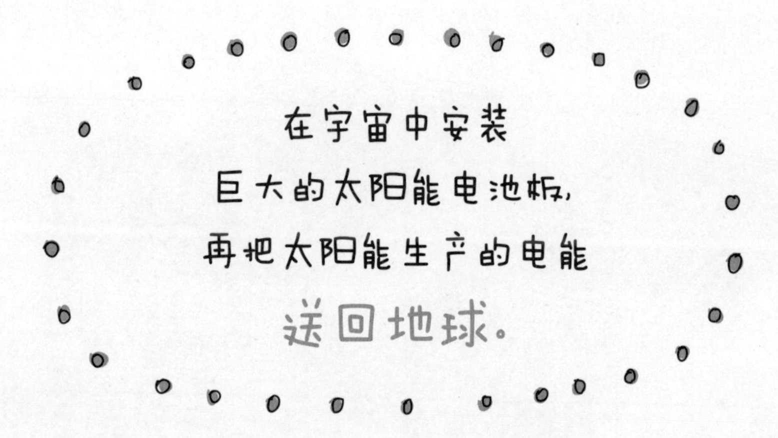

我们将利用微波来实现能量的传输，而不是电线。

太空太阳能发电时代到来以后，那些会造成环境污染或危险系数很高的发电站，就会逐渐从地球上消失。

同时，因为宇宙中并没有夜晚，所以太空太阳能发电的能量转化效率会比地球上太阳能发电的能量转化效率高40倍。

我们不必再担忧夜晚没有太阳能，更不需要为此提前储存能量。太阳一直都在那里，只要有接收装置，地球上的每一个角落都能收到能量！

为什么100年后才建这样的发电站?应该现在立刻就建起来呀!

因为太贵了!

“哎哟，就因为这样一个不值一提的原因?”

不值一提?

在太空建设太阳能发电站需要非常大的投入。

仅仅是把质量为9千克的太阳能电池板发射到地球同步轨道，可能就需要花费数千万元人民币。而且，使用现在这种尾巴喷着火的运载火箭执行任务，成本未免太高了。

我们需要找到一种飞往太空的新方法。

同时，清洁也是一个重要的问题。

假如地球上的太阳能电池板发生故障，维修人员可以轻松地处理，并不会很麻烦。但是，如果这一情形发生在宇宙中，我们就要设法让维修人员飞往太空去解决问题，或者有必要留一部分人在那里了。

不过也不必太担心，未来我们可以乘坐太空电梯在太空和地球之间穿梭往返。除了用太空电梯运输太阳能电池板，我们还可以发明机器人代替人类去安装设备、打扫卫生、进行维修!

在宇宙打工

哔哔！哔哔！
太阳能电池板出现异常！

总有一天，我们将在宇宙飞船上安装太阳能电池板，不用准备任何燃料，就可以飞往太空深处旅行，去其他星球工作和生活。

“我也想去！我做梦都想在宇宙中工作！”

12

地球文明究竟处于哪一个级别

在宇宙中，地球文明究竟处于哪个级别呢？

“你在说什么？”

物理学家是依据能量的使用量来区分宇宙文明的。根据使用的能量总量，文明可分为1级文明、2级文明、3级文明和4级文明！

“啊？那么地球现在属于哪个级别？”

你猜猜看。

1级文明指的是可以使用所在行星内部能量的文明，比如矿物资源、风、水等，可以利用所在行星的所有能量，但是使用的能量仅占据总能量的极少部分。

可使用的能量为

100 000 000 000 000 000 瓦特！

2级文明指的是可以开发所在恒星系所有资源的文明。

可使用的能量为

1 000 000 000 000 000 000 000 000 000 000 瓦特！

3 级文明是指可以利用所在星系内数十亿颗恒星的能量。

可使用的能量高达

10 000 000 000 000 000 000 000 000 000 000 000 000 000 瓦特!

2 级文明使用的能量是 1 级文明的 100 亿倍，3 级文明使用的能量也是 2 级文明的 100 亿倍!

“天啊!”

“那么 4 级文明是什么样的？”

4 级文明是可以利用暗能量的文明。即便把宇宙中所有恒星和行星加起来，它们也只占据宇宙空间的 4%。你知道吗？宇宙中 23% 是暗物质，73% 是暗能量。地球文明对暗能量的了解还非常非常浅陋，我们目前只能假定它存在而已。我们既不知道暗能量是什么东西，更不知道如何利用它。

试想一个可以利用暗能量的文明，时空间的屏障已经被打破。在那样一个奇妙的世界里，不同的宇宙空间是相通的。生活在那里的人们已经掌握了虫洞，可以随心所欲地穿梭到另一个宇宙空间！

那么，你知道地球文明目前处于哪个级别吗？

地球目前还处于0级！

地球人竟然
还在挖埋在
地下的能量！

虽然人类发明了计算机，制造出了机器人，一步一步迈进了人工智能时代。但是从能量使用的情况来看，地球文明仍然处于未开化的阶段，还只能消耗所在行星内部的能量。人类利用的主要能源仍然是深埋在地下的石油和天然气，我们仍然不得不燃烧化石燃料来点亮灯泡，让汽车行驶起来。不仅如此，我们还因为不知能源何时会被耗尽而惴惴不安。

“地球究竟什么时候，又需要怎么做才能进入下一个级别的文明呢?”

科幻电影中经常有这样的情形：人们可以随意改变天气，可以在海上建造城市，可以100%地利用能量。但是这种水平的文明仍然只是1级文明。3级文明至少要达到电影《星球大战》中银河帝国的水平才可以!

地球什么时候才能进入1级文明?

卡尔·萨根博士曾经说过，地球目前处于0.7级文明，100年以后就可以正式进入1级文明了。

若干年后，我们的子孙后代一定可以迎来2级文明。到了那个时候，人们就可以围绕着太阳，100%地利用太阳能了。

进入2级文明、3级文明之后，人类将飞出太阳系，开拓数百光年以外的恒星系。

把机器人勘探队派到不同的行星，他们将在未知的行星着陆，在那里建设工厂，生产出和自己一模一样的机器人，然后再从那里出发，飞向更遥远的恒星系。根据科学家的计算，人类会在10万年之内完成银河系内所有恒星和行星的勘探工作！

也许在宇宙中的某些地方，已经有进入3级文明的系外文明了。

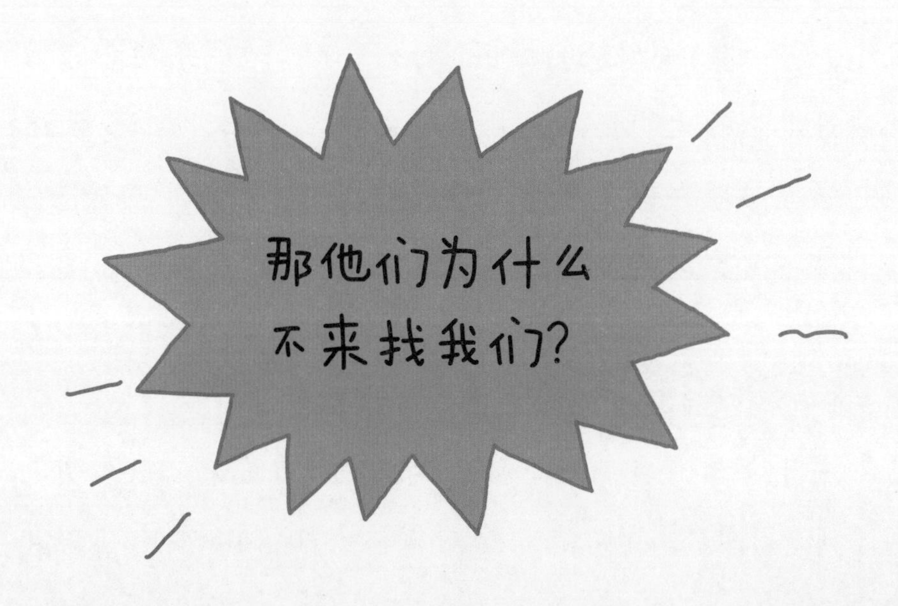

也许他们很早以前就访问过地球，只是因为地球文明实在太落后，所以才被他们忽略了。

而且系外文明的出现一定和电影中描述的场景很不一样，他们绝对不可能坐着奇奇怪怪的飞碟，或者开着舰队一般巨大的东西出现。毕竟进入 3 级文明或者 4 级文明的先进文明一定已经利用机器人工程学、纳米技术、生物工程学技术完美地武装了自己，把自己打造成了一台完美无缺的机器。

因此，他们真正的样子很有可能与我们的想象恰恰相反，或许他们已经变成了很难用肉眼发觉的超微型纳米机器人!

还有另一种可能，就是他们在很早以前就完成了文明的进展，并且选择了自我毁灭。

然而，我们仍然处于 0 级文明。

地球文明将走向哪里?

好好奇，好想知道答案!

“啊啊啊! 真想在 1 000 年后，或者 10 000 年后再回到地球看一看!”

任何足够先进的科技都与魔法无异。

——阿瑟·克拉克

制作团队↙

策划团队：三环童书
统筹编辑：胡献忠
项目编辑：马　坤
美术设计：黄　慧

版权贸易合同登记号 图字：01-2022-0860

图书在版编目（CIP）数据

未来已来系列．能量 /（韩）金成花，（韩）权秀珍著；
（韩）李哲旻绘；小栗子译．-- 北京：电子工业出版社，2022.7
ISBN 978-7-121-43071-8

Ⅰ．①未… Ⅱ．①金… ②权… ③李… ④小… Ⅲ．①自然科学－少儿读物
②能－少儿读物 Ⅳ．① N49 ② O31-49

中国版本图书馆 CIP 数据核字 (2022) 第 037889 号

责任编辑：苏　琪　　特约编辑：刘红涛
印　　刷：佛山市华禹彩印有限公司
装　　订：佛山市华禹彩印有限公司
出版发行：电子工业出版社
　　　　　北京市海淀区万寿路 173 信箱　邮编：100036
开　　本：889×1194　1/16　印张：44.25　字数：424.8 千字
版　　次：2022 年 7 月第 1 版
印　　次：2022 年 7 月第 1 次印刷
定　　价：228.00 元（全 5 册）

凡所购买电子工业出版社图书有缺损问题，请向购买书店调换。若书店售缺，请与本社发行部联系，联系及邮购电话：（010）88254888，88258888。

质量投诉请发邮件至 zlts@phei.com.cn。盗版侵权举报请发邮件至 dbqq@phei.com.cn。

本书咨询联系方式：（010）88254161 转 1821，zhaixy@phei.com.cn。